I0216079
www.ingramcontent.com/pod-product-compliance
Lightning Source LLC
Chambersburg PA
CBHW040026050426
42453CB00002B/23
9781939099426

منظومه ی شمسی ما

نویسنده و تصویرگر: فرح فاطمی

Bahar Books
www.baharbooks.com

Fatemi, Farah (Nayyer-sadat)
   Our Solar System! (World of Knowledge Series) (Persian/Farsi Edition), Farah (Nayyer-sadat) Fatemi

   Illustrations by: Farah (Nayyer-sadat) Fatemi

This book remains the property of the publisher and copyright holder, Bahar Books, LLC.
All rights reserved under International Copyright Conventions.
No part of this book (including the illustrations) may be used, distributed or reproduced in any forms or by any mean without the prior written permission of the publisher.

ISBN-10: 1939099420

ISBN-13: 978-1-939099-42-6

Copyright © 2014 by Bahar Books, LLC.

Published by Bahar Books, White Plains, New York

کتابی که در دست شماست، یکی از کتاب های مجموعه‌ی "دنیای دانش" است. هدف این مجموعه، آشنا کردن کودکان و نوجوانان با موضوعات گوناگون علمی به زبان فارسی ست. در نگارش این کتاب ها سعی بر آن بوده است که واژه های فارسی به کار گرفته شده، تا حد امکان ساده باشند تا کودکان و نوجوانان، همزمان با یادگیری موضوعی علمی، محدوده‌ی شناخت خود با واژه های تازه‌ی فارسی را نیز وسعت بخشند.

واژه های ناآشنا در متن با رنگ قرمز مشخص شده اند و معادل انگلیسی آنها در پایان کتاب، زیر عنوان "واژه نامه" و با ذکر شماره‌ی صفحه ها آمده اند.

کتاب "منظومه ی شمسی ما" خصوصیات خورشید و سیّاره های منظومه ی شمسی را همراه با نقّاشی هایی زنده و زیبا به کودکان می آموزد.

منظومه‌ی شمسی ما

شب ها که ما از پَنجره به آسمان نِگاه می کنیم،

ماه را می بینیم که در آسِمان **می دِرَخشَد**،

و سِتاره ها را می بینیم که مِثلِ **نُقطه** هایی نورانی

در **اَطرافِ** ماه **پَراکنده** اند.

روز که می شود در آسِمان،

ماه جایِ خود را به خورشید می دهد.

خورشید با نورِ خود به ما زِندگی **می بَخشَد**.

ابرها هم با **وَزشِ** باد به آرامی حَرِکت می کنند

و شِکلِ شان **عَوَض** می شود.

ولی در این آسمانِ بزرگ،

فَقَط ماه و خورشید و سِتارگان و ابرها وُجود دارند؟

برایِ یافتَنِ پاسُخِ این سُؤال،

بیایید با هم به آسِمان سَفَر کنیم،

به آن دوردَست ها که دیدَنَش،

بدونِ تِلسکوپ مُمکن نیست.

هر گوشه از این آسِمانِ زیبا برایِ خود داستانی دارد.

داستانِ ما هم،

از کهکِشانی به نام کهکِشانِ راهِ شیری شُروع می شود.

کهکشانِ راهِ شیری
Milky Way Galaxy

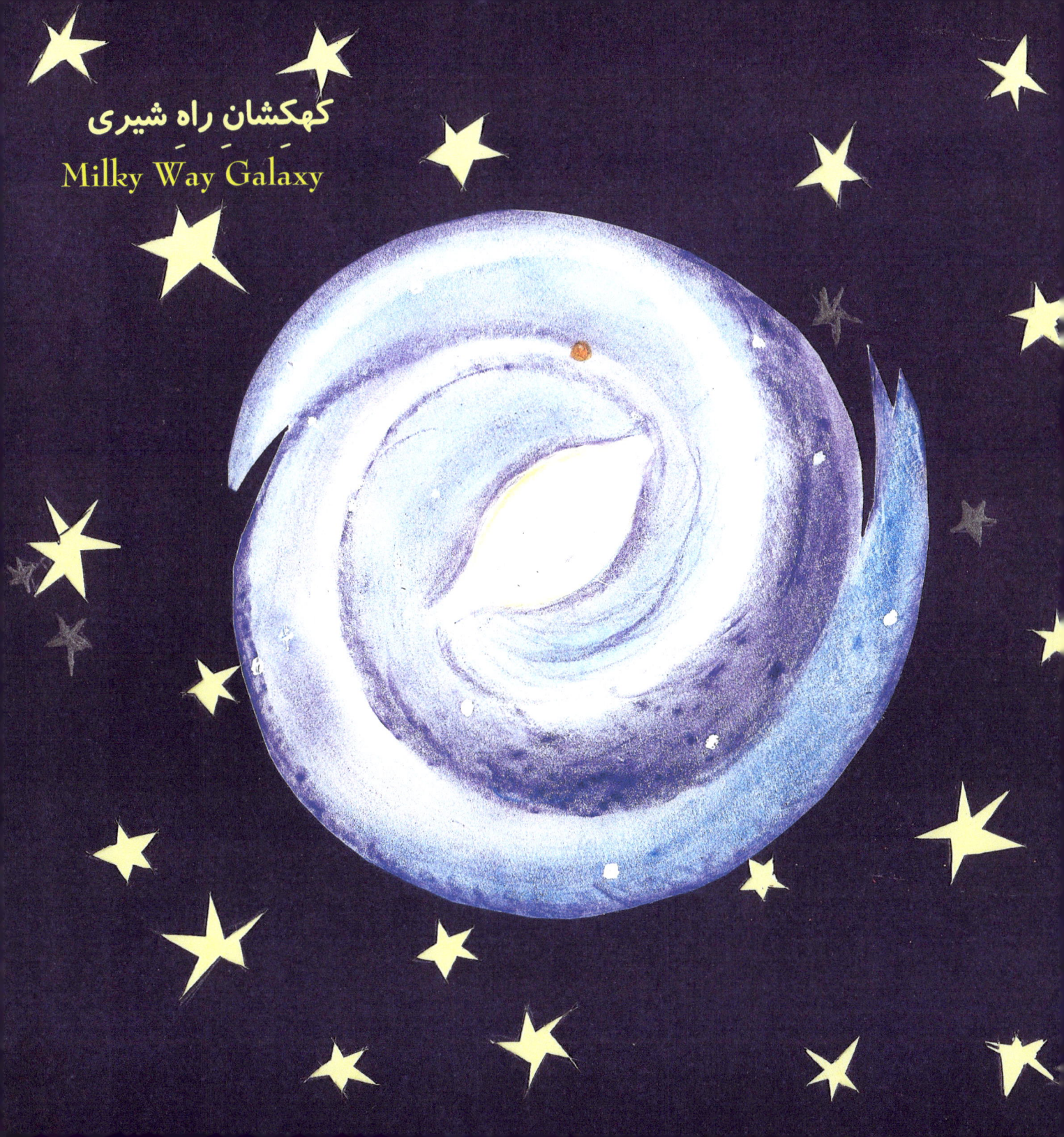

در گُذشته های خیلی دور یَعنی حُدودِ ۵ میلیارد سالِ قَبل،

در لایه های خارِجیِ کهکِشانِ راهِ شیری،

از گاز، و گَرد و غُبارِ بینِ سِتاره ها، ابری به وُجود آمد.

نیرویِ جاذِبه ی کهکِشان این ابر را فِشُرده کرد،

و در مَرکزِ این ابر کُره ای از گاز دُرُست شد.

نیرویِ جاذِبه ی کهکِشان باعِث شد که این کُره،

با سُرعتِ زیاد به دورِ خودش بچَرخَد.

این چَرخِش باعِث شد که این کُره داغ تر و داغ تر شود

و عاقِبَت، سِتاره ای گرم و نورانی

به نامِ خورشید شِکل گرفت.

خورشید

Sun

این شروعِ داستانِ مَنظومه ی ما،

یَعنی مَنظومه ی شَمسی است.

مَنظومه ی شَمسی،

که در قِسمَتِ خارجیِ کهکِشانِ راهِ شیری قَرار گرفته است،

یک خورشید و ۸ سَیّاره دارد.

هر سَیّاره در مَدارَش،

هم به دورِ خورشید می چَرخَد و هم به دورِ خودش.

دانِشمَندان درباره ی اینکه این سَیّارات چطور به وُجود آمده اند،

نَظَراتِ مُختَلِفی دارند.

امّا همه ی آنها مُعتَقِدَند که مَوّادِ سازَنده ی خورشید،

و تمامِ این سَیّارات شبیه به هم هستند.

مَنظومه ی شَمسی

Solar System

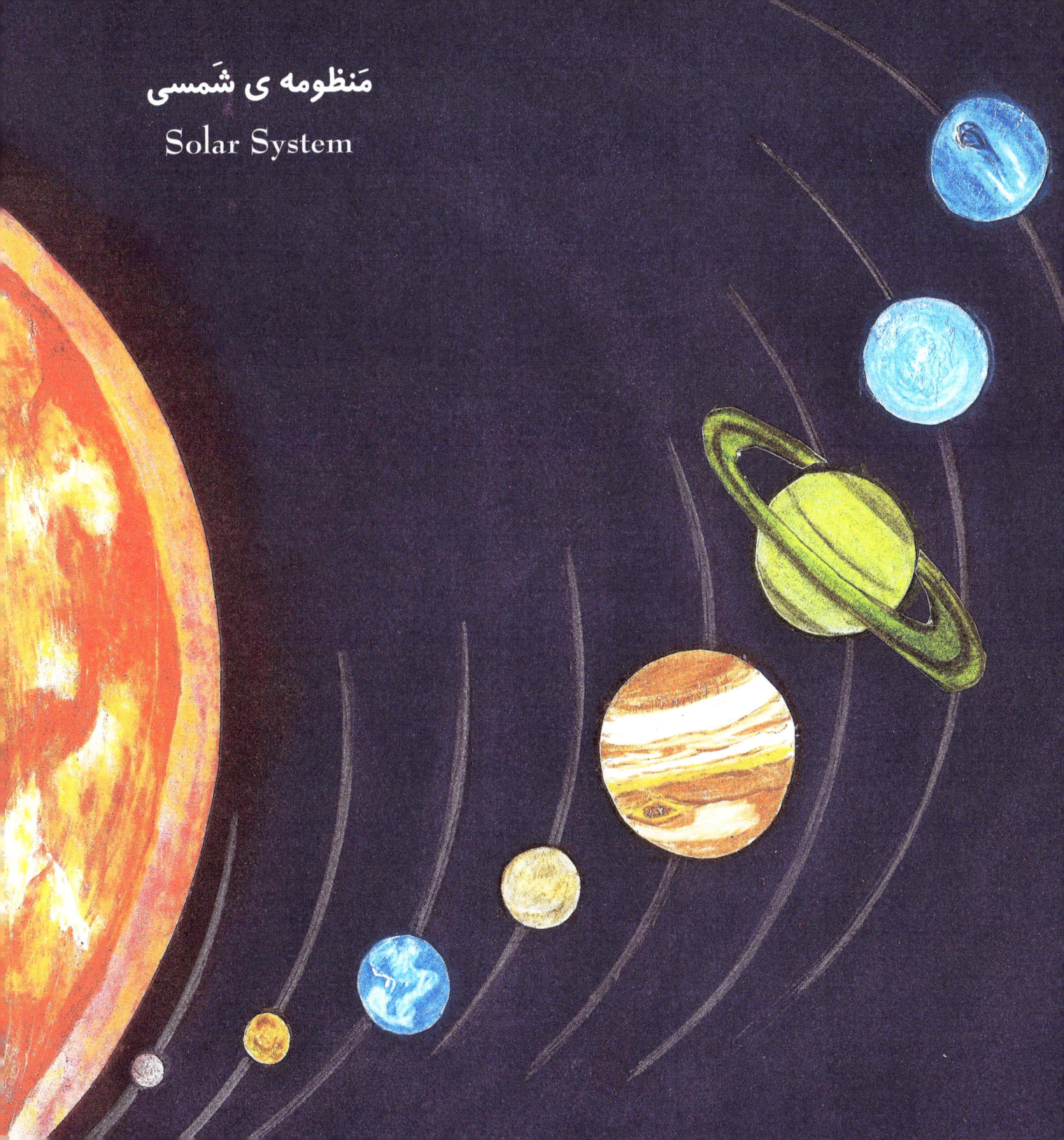

گفتیم که مَنظومه ی شَمسی یک خورشید و ۸ سَیّاره دارد.

۴ سَیّاره ای که به خورشید نزدیک ترند یَعنی:

عَطارُد، مِرّیخ، زمین و ناهید از آهَن، گرد و غُبار، و سَنگ ریزه دُرُست شده اند و به سَیّاره هایِ سَنگی مَعروفند.

۴ سَیّاره ای که از خورشید دورترند، یَعنی:

مُشتَری، زُحَل، اورانوس و نِپتون از مِقدارِ زیادی یخ، گرد و غُبار، و گازِ هیدروژِن دُرُست شده اند، و به سَیّاره هایِ غول پِیکرِ گازی مَعروفند.

دانِشمَندان بیشترِ اوقات، اورانوس و نِپتون را سَیّاره هایِ غول پِیکرِ یَخی می نامند، تا نِشان دهند که این دو سَیّاره چِقدر سرد هستند.

حالا بیایید کمی بیشتر با هر یک از این سَیّارات آشنا شویم.

سَيّارات

Planets

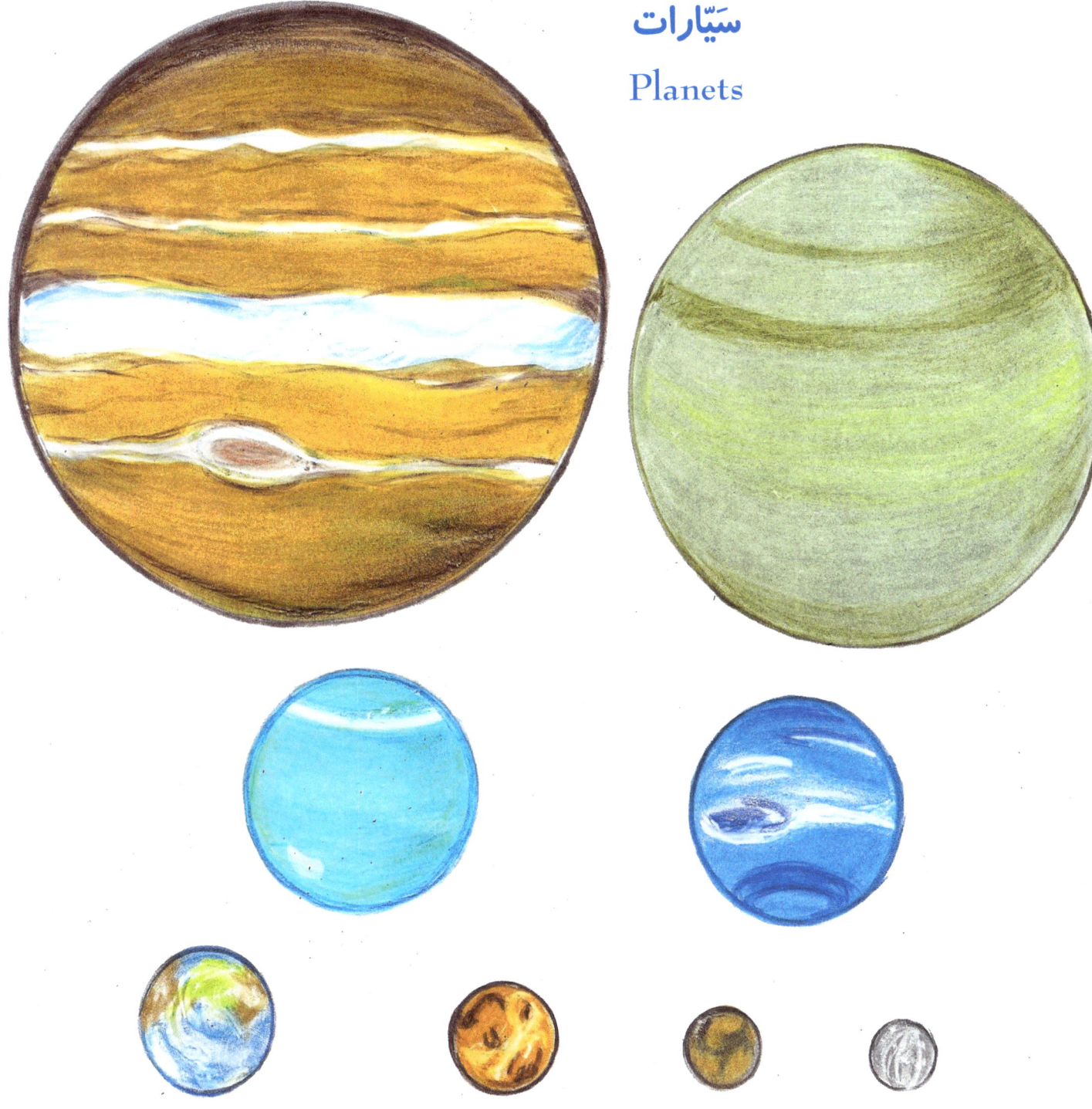

عَطارُد که اسمِ دیگرش تیر است،

کوچک ترین و نزدیک ترین سَیّاره به خورشید است.

عَطارُد چون به خورشید نزدیک است،

روزهایِ گرم و سوزان

و شب هایِ بسیار سردی دارد.

این سَیّاره کمی از ماه بزرگ تر است.

عَطارُد

Mercury

ناهید که اسمِ دیگرش زُهره است،

بَعد از ماه و خورشید پُر نورترین جِسمِ آسِمانی است.

چون این سَیّاره از نَظَرِ اندازه و مَوّادِ سازَنده،

خیلی به زمین شَبیه است،

به آن خواهرِ زمین می گویند.

ناهید

Venus

زمین یَعنی سَیّاره ای که ما در آن زِندگی می کنیم،

تَنها سَیّاره در مَنظومه ی شَمسی است،

که در آن زِندگی دیده می شود.

زمین مِقدارِ زیادی آب دارد،

و به هَمین خاطِر به رنگِ آبی دیده می شود.

گیاهانِ روی زمین،

گازِ **اُکسیژِن** را که برایِ زندگیِ موجودات لازِم است،

تولید می کنند.

زمین یک **قَمَر** (ماه) دارد.

زَمین
Earth

مِرّیخ که اسمِ دیگرش بَهرام است،

به خاطرِ رنگِ قرمزش مَعروف است.

عِلَّتِ رنگِ قرمزِ مِرّیخ،

آهنِ زیاد در خاکِ آن است.

مِرّیخ بلندترین کوه هایِ مَنظومه ی شَمسی را دارد.

این سَیّاره نزدیک ترین سَیّاره به زمین است.

اندازه ی آن تَقریباً نصفِ اندازه ی زمین است،

و بدونِ تِلِسکوپ هم می شود آن را دید.

مِرّيخ
Mars

مُشتَری بزرگ ترین سَیّاره در مَنظومه ی شَمسی است.
این سَیّاره یکی از سَیّاره های غول پیکرِ گازی است.
لَکّه ی قرمز رنگِ بزرگی روی این سَیّاره دیده می شود،
که دَلیلش وُجودِ گِردبادی روی سَطحِ این سَیّاره است.

مُشتَری

Jupiter

زُحَل که اسمِ دیگرش کِیوان است،

یکی دیگر از سَیّاره هایِ غول پِیکرِ گازی است.

این سَیّاره حَلقه هایِ بسیار دِرَخشانی دارد

که از یخ و سَنگ ریزه ساخته شده اند.

كِيوان

Saturn

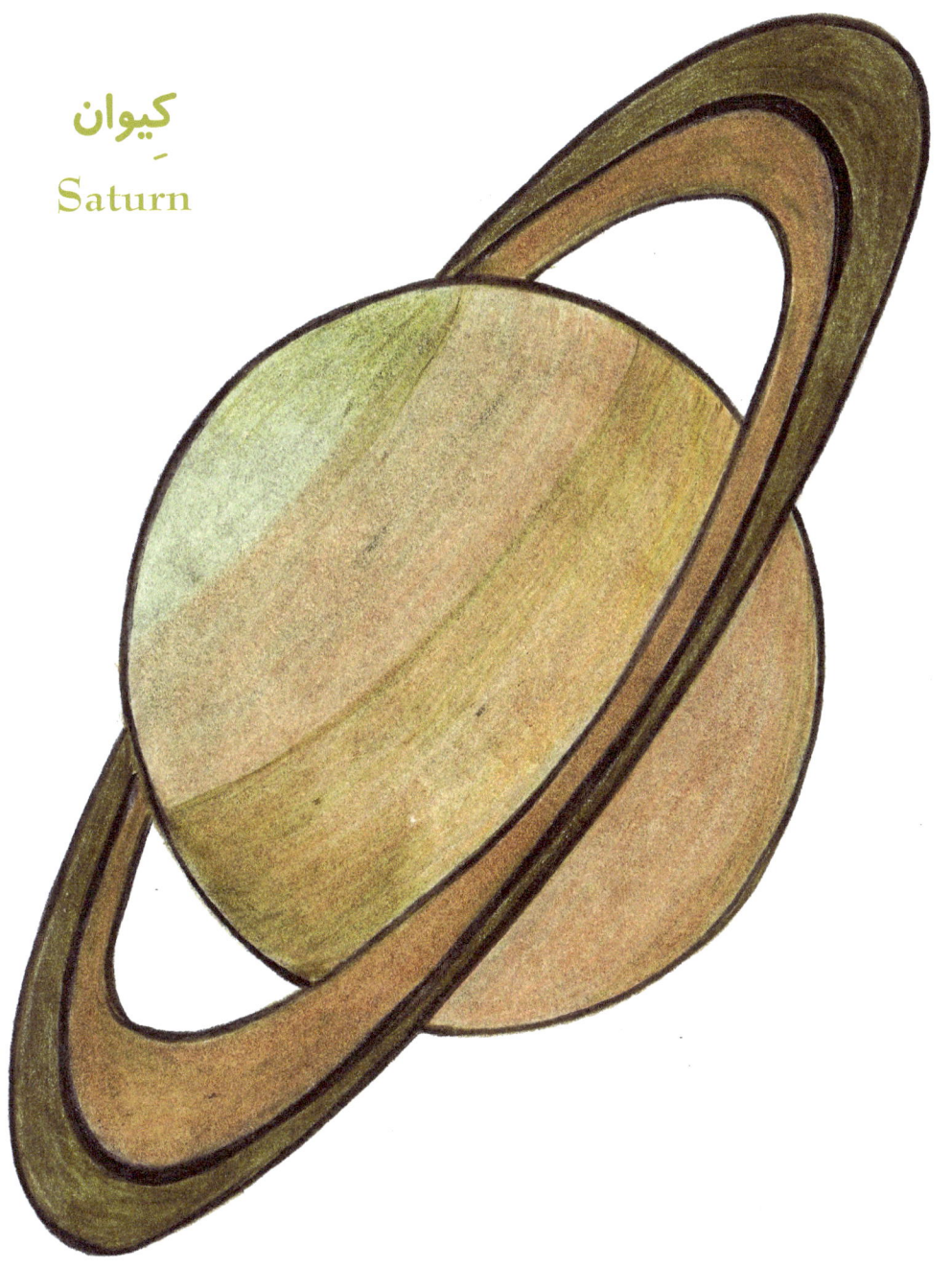

اورانوس در دِرخشان ترین حالَتَش،

به شِکلِ یک نُقطه ی سبز و آبی دیده می شود.

اورانوس با وُجود اینکه دورترین سَیّاره از خورشید نیست،

سردترین سَیّاره ی مَنظومه ی شَمسی است.

این سَیّاره یکی از سَیّاره های غول پِیکرِ یَخی است.

حَلقه هایِ اورانوس از گرد و غُبار دُرُست شده اند.

رنگِ سبزِ و آبیِ این سَیّاره،

به عِلَّتِ وجودِ گازِ مِتان است.

اورانوس
Uranus

نِپتون دورترین سَیّاره به خورشید است.

لَکّه ی سیاهِ ابر مانَندی رویِ این سَیّاره دیده می شود،

که از گازهایِ مُختَلف به وُجود آمده است،

و اندازه ی این لَکّه به بزرگیِ سَیّاره ی زمین است.

نِپتون هم یک سَیّاره ی غول پِیکرِ یَخی است.

نِپتون توفان هایِ زیادی دارد.

نِپتون
Neptune

تا پیش از سالِ ۲۰۰۶ ، دانِشمَندان پلوتو را

سَیّاره ی نُهُمِ مَنظومه ی شَمسی می دانِستند.

امّا در سالِ ۲۰۰۶ دانِشمَندان تَصمیم گرفتند،

که پلوتو به دَلایلِ مُختَلِف یک سَیّاره نیست،

و به آن اسمِ سَیّاره ی کوتوله دادند.

پلوتو
Pluto

بیایید به سؤال های زیر پاسخ دهیم:

۱- مَنظومه ی شَمسی چَند سَیّاره دارَد؟

۲- نَزدیک تَرین سَیّاره به خورشید کُدام است؟

۳- کُدام سَیّاره بَه خاطرِ رَنگِ قِرمِزَش مَعروف است؟

۴- کُدام سَیّاره حَلقه های دِرَخشان دارَد؟

۵- اِسمِ سَردتَرین سَیّاره ی مَنظومه ی شَمسی چیست؟

واژه نامه

صفحه ی ۶

می دِرَخشَد (دِرَخشیدَن) = to shine

نُقطه = point, spot

اَطرافِ = around

پَراکنده = spread

صفحه ی ۸

می بَخشَد (بَخشیدن) = to give

وَزِش = blow

عَوَض می شَوَد (عَوَض شُدَن) = to change

صفحه ی ۱۰

یافتَن = to find

پاسُخ = answer

دوردَست = very far

کهکِشان = galaxy

کهکِشانِ راهِ شیری = the milky way galaxy

صفحه ی ۱۲

حُدودِ = approximately

لایه = layer

خارِجی = exterior

گَرد و غُبار = dust

نیرویِ جاذبه = gravity

فِشُرده کرد (فِشُرده کردَن) = to dense

مَرکز = center

کُره = globe, ball

باعث شد (باعث شُدَن) = to cause

چَرخِش = rotation

عاقِبَت = finally

شِکل گِرِفت (شِکل گِرِفتَن) = to form

صفحه ی ۱۴

مَنظومه = system

مَنظومه ی شَمسی = the solar system

قَرار گِرِفته است (قَرار گِرِفتَن) = to be located

سَیّاره = planet

مَدار = orbit

نَظَرات (نَظَریه ها) = opinions, theories

مُعتَقِدَند (مُعتَقِد بودَن) = to believe

مَوّادِ سازَنده = fundamental material

صفحه ی ۱۶

آهَن = Iron[

سَنگ ریزه = small rocks

سَیّاره های سَنگی = rocky planets

مَعروف = famous

هیدروژن = hydrogen

سَیّاره هایِ غول پیکرِ گازی = Gas Giants

بیشتَرِ اوقات = most of the time

سَیّاره هایِ غول پِیکرِ یَخی = Ice Giants

صفحه ی ۱۸

تیر = Mercury

سوزان = burning

صفحه ی ۲۰

زُهره = Venus

جِسمِ آسِمانی = astronomical object

از نَظَرِ = in terms of

صفحه ی ۲۲

گیاهان = plants

اُکسیژِن = oxygen

تولید می کُنَند (تولید کردَن) = to produce

قَمَر = moon

صفحه ی ۲۴

بَهرام = Mars

عِلَّت = reason

تَقریباً = approximately

صفحه ی ۲۶

لَکّه = spot

گِردباد = strong wind

سَطح = surface

صفحه ی ۲۸

کِیوان = Saturn

حَلقه = ring

دِرَخشان = shiny

صفحه ی ۳۰

مِتان = methane

صفحه ی ۳۲

توفان = storm

صفحه ی ۳۴

تَصمیم گِرِفتَند (تصمیم گرفتن) = to decide

دَلایلِ (دلیل ها) = reasons

سَیّاره ی کوتوله = dwarf planet

بیوگرافی نویسنده و تصویرگر:

فرح فاطمی فارغ التحصیل رشته ی علوم تغذیه از دانشگاه شهید بهشتی تهران است. در کنار فعالیت های دیگر، بیش از ده سال است که به تدریس موسیقی (پیانو) و آموزش نقّاشی به کودکان و بزرگسالان اشتغال دارد. فرح فاطمی تاکنون چندین نمایشگاه نقّاشی گروهی و خصوصی در گالری های هنری تهران برگزار کرده است؛ از جمله ی آنها، نمایشگاه گروهی هنرمندان و مجسمه سازان ایرانی، با هدف حمایت از زلزله زدگان ژاپن بوده است.

وی تاکنون نگارش و تصویرگری چندین کتاب کودک را انجام داده است.

سایر کتاب های منتشر شده در این سری (دنیای دانش)

Books Published in the World of Knowledge Series

 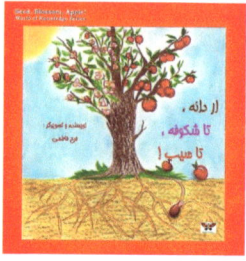

Why We Should Eat Fruits   Seed, Blossom, Apple!

چرا باید میوه بخوریم   از دانه ، تا شکوفه، تا سیب !

برای آشنایی با سایر کتاب های "نشر بهار" از وب سایت این انتشارات دیدن فرمائید.

To learn more about the other publications of Bahar Books
please visit the website:

Bahar Books

www.baharbooks.com